ÉTUDE RÉTROSPECTIVE

SUR L'HABITAT DE L'HOMME

LE LONG DES RIVES DE LA SEINE ET DE L'OISE

DEPUIS LES TEMPS GÉOLOGIQUES
JUSQUES ET Y COMPRIS LA PÉRIODE FRANQUE-MÉROVINGIENNE

PAR

P. GUÉGAN

Membre de la Commission des Antiquités
et des Arts de Seine-et-Oise.

VERSAILLES

IMPRIMERIE CERF ET FILS

59, RUE DUPLESSIS, 59

—

1891

ÉTUDE RÉTROSPECTIVE

Sur l'habitat de l'homme le long des rives de la Seine et
de l'Oise, depuis les temps géologiques, jusques et y
compris la période Franque-Mérovingienne, à propos
de la découverte d'un cimetière Gallo-Romain et Franc-
Mérovingien à Andrésy, canton de Poissy, département
de Seine-et-Oise, en juin 1890,

Par P. GUÉGAN

CHAPITRE PREMIER

PÉRIODE PRÉHISTORIQUE.

(1º Temps géologiques ; 2º Mégalithes, pierre polie.)

Le cimetière que l'on a découvert récemment à Andrésy a une grande importance au point de vue histo-
rique ; mais avant de faire la description de ce champ
funèbre, armé de nos recherches archéologiques, nous
croyons utile de tenter quelques rapprochements entre les
diverses populations qui ont de toute antiquité habité les
rives de la Seine et de l'Oise, depuis Andrésy jusqu'à
Mantes.

Sur la rive droite de la Seine, au confluent (*Condat en*
celtique) de ce fleuve avec l'Oise, se trouve le village de
Conflans-Sainte-Honorine, et au-dessus, le dominant, le
vaste plateau de *Fin-d'Oise.*

C'est sur ce plateau, qu'en 1872, nous arrachions à un

entrepreneur de pavage, le beau dolmen en grès à ouverture circulaire, se fermant au moyen d'un tampon de pierre calcaire, que l'on admire aujourd'hui dans les fossés du château de Saint-Germain, à gauche de l'entrée principale du musée des Antiquités nationales.

En 1880, nous assistions encore, à peu de distance de ce dolmen, à la mise au jour d'un ossuaire important de l'époque de la *pierre polie*.

Descendant le cours de la Seine, nous trouvons, sur la rive gauche, non loin du pont de Conflans, une sablière d'alluvions anciennes de ce fleuve, où l'on a découvert une tête entière de l'aurochs, associée à des silex taillés par l'homme.

Descendons encore : sur la rive droite, nous avons constaté en 1880, pendant les travaux nécessités pour la construction d'un bief éclusé, la présence dans l'ancien lit de la Seine, en face du village de Carrières-sous-Poissy, à 7 mètres au-dessous du sol de la berge, de nombreux pilotis en chêne noirci, disposés en quinconce qui avaient dû supporter une ou plusieurs habitations ; parmi les graviers du thalweg, on avait recueilli des silex taillés et plusieurs spécimens de pierre polie très remarquables (1).

De ce point à Poissy il n'y a qu'un pas ; ce lieu a de tout temps été un point stratégique important, reliant l'Isle-de-France à la Normandie. Sur les deux rives de la Seine existent des dépôts très puissants d'alluvions anciennes, où l'on a trouvé, associés à des silex taillés, des ossements et des dents du mammouth et de l'hippopotame (2).

De Poissy, en parcourant la plaine qui longe la rive

(1) Plusieurs haches et un ciseau (objet rare), que nous avons fait donner au Musée de Saint-Germain.

(2) Voir au Musée de Saint-Germain une dent d'hippopotame provenant de cette localité. (Salle de pierre.)

gauche de la Seine, nous ramasserons, dans le sol labourable, une assez grande quantité de silex taillés, puis nous arriverons au village des Mureaux, où, en octobre 1889, on a découvert un beau dolmen souterrain.

Des Mureaux, nous fouillerons encore superficiellement le sol labourable de la plaine, jusqu'au petit taillis de la Garenñe d'Épône, et nous ferons encore une ample récolte de silex taillés.

Arrivé à la Garenne, nous nous arrêterons, le lieu en vaut la peine.

La Garenne d'Épône, à cause des nombreux mégalithes qu'elle renferme : trois dolmens souterrains dont deux détruits ; un dolmen en forme de table d'autel placé sur le sol ; deux cromlechs et un menhir, nous paraît avoir dû être un sanctuaire, un lieu de réunion pour les populations celto-gauloises.

Si ce lieu n'est pas celui que César désigne dans ses Commentaires comme siège des assemblées gauloises, il atteste certainement en cet endroit la réunion d'un grand concours de peuples.

Et, en jetant un regard sur la carte archéologique qui accompagne ces lignes, on peut voir, par les mégalithes de la rive droite de la Seine, les dolmens de Chérence et de Dennemont, le menhir de Guitrancourt et la fontaine vénérée de Juziers, placés pour ainsi dire en face de ceux de la Garenne et des Mureaux, que ces populations se reliaient entre elles en traversant le fleuve.

De ce qui précède, on peut donc établir avec une presque certitude, que les deux rives de la Seine, depuis Conflans jusqu'à Mantes étaient habitées dès les temps géologiques (époque du mammouth et de l'hippopotame), par des populations celto-gauloises.

II

(Période gallo-romaine.)

Combien de temps dura cette période de tranquillité pour les populations celto-gauloises? personne ne pourrait le dire.

Malheureusement pour elles, il vint un temps où des étrangers (les Romains), sous la conduite d'un grand capitaine (J. César), pénétrèrent dans le nord de la Gaule, et malgré la bravoure de ses habitants et leurs révoltes successives, finirent par asservir le pays tout entier.

Les Romains, on le sait, après avoir chassé les Gaulois de leurs positions, s'établissaient en leur lieu et place lorsque ces positions leur paraissaient avantageuses. L'archéologie nous démontre qu'il en a été ainsi, d'Épône à Andrésy, en remontant le cours de la Seine.

A Mézières-sur-Seine, qui est pour ainsi dire une dépendance d'Épône, on a trouvé, il y a pas bien longtemps, un vase en terre qui contenait environ deux mille pièces de monnaie romaine en argent et en bronze, le trésor, sans doute d'un chef militaire (?).

A Épône même, on a recueilli de la poterie (1), de la monnaie et des armes (2).

Le nom d'Épône nous a bien souvent donné à penser. L'étymologie de ce nom ne dériverait-il pas d'Epôna, divinité romaine?

Nous avons dit que le dolmen de la Justice, contrai-

---

(1) Une lagène ou cruchon à verser de 0,35 de hauteur en terre rouge sous couverte noire, poterie gallo-romaine, déposée au musée de Saint-Germain (salle des Fêtes).

(2) *Les Antiquités de l'arrondissement de Mantes*, par A. Cassan.

rement à ses voisins souterrains, *le Hérubé, le trou aux Anglais et la noue de pied*, placé sur le sol, présentait l'apparence de plusieurs tables.

M. A. Cassan, qui l'a fouillé en 1835, n'y a trouvé que quelques ossements épars, tandis que *le Hérubé et le trou aux Anglais* renfermaient un grand nombre de squelettes.

Le dolmen tabulaire de la justice n'était-il pas un autel, et sur ses tables, les Gaulois n'ont-ils pas fait de sacrifices à leur dieu ?

Dans l'état actuel de la science préhistorique, cette hypothèse, nous ne l'ignorons pas, soulèvera bien des objections.

Peu importe ; admettons un instant, et malgré bon nombre d'affirmations contraires, qu'il en a été ainsi.

Les Romains, qui se substituaient aux Gaulois dans leurs positions stratégiques, substituaient aussi leurs divinités mythologiques au culte des dieux gaulois.

N'ont-ils pas pu avoir l'idée d'installer au sanctuaire de la justice le culte d'une déesse champêtre comme celui d'*Épôna protectrice des chevaux et des étables* (1) ?

Et ce culte n'était-il pas admirablement placé là, au milieu des riches herbages des bords de la Seine ?

N'insistons pas, et laissant cette étymologie pour ce qu'elle peut valoir, reprenons le cours de nos investigations archéologiques en remontant le cours de la Seine jusqu'au village des Mureaux.

S'il est un milieu romain, c'est bien celui-là. En effet, toute la berge de la Seine, depuis le pont de Meulan jusqu'à près de 300 mètres au-dessous se compose d'un magmas de cendres mêlées de charbons, dans lesquels on

---

(1) Le culte de la déesse Épôna était connu dans les environs de Paris. Le Musée de Saint-Germain possède une statuette de cette divinité mythologique trouvée à Étampes (Seine-et-Oise).

trouve des tuiles à rebords, des faîtières et des débris de poterie fine, rouge, noire et grise (1).

En 1889, nous avons exploré cette partie des berges de la Seine et nous en avons rapporté des tuiles à rebords, de la poterie fine, noire et grise, ainsi que de beaux fragments de vases samiens avec dessins en relief et sigles de potiers (2).

Dans les fondations d'une maison en construction, on a trouvé des vases entiers, des fioles en verre, des fibules en bronze, des bijoux et une grande quantité de pièces romaines en argent et en bronze.

Nous reproduirons sur les Mureaux un passage de l'histoire de la ville aux trois murs, par M. Émile Réaux :

« Sous ses champs, aujourd'hui couverts de moissons,
» nous avons vu des bases de murailles semblables à des
» fondations de palais ; des restes d'habitations où l'on
» trouve encore un dallage et des conduits en ciment
» rose, qui désignent ces pièces souterraines comme
» d'anciennes salles de bains ; des portions d'aqueducs,
» des piédestaux de colonnes, des blocs énormes de pierre
» de taille ; et, parmi tous ces restes d'un passé mysté-
» rieux, on retrouve des poteries gallo-romaines en terre
» noirâtre ; des fragments de bas-reliefs dont les person-
» nages sont de grandeur naturelle ; de larges tuiles à
» rebords s'emboîtant les unes dans les autres ; des vases,
» dont la pâte d'un beau rouge et d'une grande finesse est
» recouverte d'un vernis brillant ; des fûts et des chapi-
» teaux de colonnes ; des bracelets en bronze, des fibules,
» des spatules et des instruments de chirurgie ; quelques
» bijoux en or, des épingles en os, et, dans les tombeaux,

---

(1) Voir la collection de notre collègue M. Fournez à Saint-Germain, et notre album des poteries trouvées aux Mureaux.

(2) OSEVERT,... ITTIVS FE — LICINVSi

» des médailles à l'effigie de Tibère, de Vespasien et de
» l'impératrice Faustine. »

On le voit, les Romains étaient solidement établis
aux Mureaux ; ils y avaient aussi construit un pont de
bois sur la Seine, dont on retire encore, de temps en
temps, quelques débris en chêne noirci. « C'est que, dit
» encore M. E. Reaux, dans son *Histoire des ponts de*
» *Meulan*, un pont construit sur la Seine, au débouché
» de deux vallées, entre l'Oise et la rivière d'Epte, com-
» mandait, par sa position, à la partie supérieure du
» fleuve et fermait le passage entre le pays Chartrain et
» le Beauvaisis (entre les Carnutes et les Bellovaques),
» une foule d'objets appartenant à l'époque gallo-romaine
» ont été trouvés sur l'emplacement du vieux pont qui
» était en bois et construit en deux sections, car la Seine,
» en cet endroit, se partage en deux bras d'une largeur
» inégale. »

Remontons la rive gauche de la Seine jusqu'à Poissy
(*Pinciacum*), nous nous y arrêterons et ferons, à peu de
choses près, les mêmes constatations que celles que nous
avons faites aux Mureaux.

Citons à ce sujet quelques lignes de l'*Histoire de
Poissy*, par M. Octave Noël : « En 1849, dit-il, dans les
» fondations d'une arche du pont, on trouva un sabre
» romain (1) et quelques médailles aux effigies romaines,
» telles qu'on a coutume d'en déposer dans les fonda-
» tions. Le pont existait-il à cette époque ? Il y a quel-
» ques probabilités. Vers le même temps, des terras-
» sements ayant été opérés dans quelques rues de Poissy,
» on trouva les traces d'une voie romaine. » Enfin, notre
collègue, M. Fournez, originaire de cette ville, a relevé,
pendant les travaux de restauration de la chapelle de la

---

(1) Nous possédons, avec le Musée de Saint-Germain, le
dessin de cette belle épée en bronze qui est actuellement déposée au British-Museum de Londres.

Vierge, dans l'église collégiale, des restes de construc-
tions romaines qui semblaient avoir appartenu à une forte-
resse. Cette localité, par les mêmes raisons que celles que
nous avons données en ce qui concerne la position topographique des Mureaux, ne pouvait manquer d'avoir été
fortifiée par l'envahisseur.

De Poissy, nous remontons encore la Seine et, à quelques kilomètres sur la rive droite, nous retrouverons le
bief éclusé, en face du petit village de Carrières–sous-
Poissy.

Le fleuve à cet endroit forme un large bassin où les
canots à voiles de nos jours prennent leurs ébats. A
l'époque préhistorique, c'était des monoxiles (1), ou canots creusés au feu dans un tronc d'arbre.

Ces monoxiles devaient faire escale en cet endroit ;
peut-être même ceux qui les montaient avaient-ils planté
ces rangs de pilotis que nous avons reconnus au fond de
la rivière, pour y asseoir leurs maisons en roseaux et en
pisé ; il n'y aurait rien d'étonnant à cela puisqu'on y a
trouvé la pierre polie.

Quoi qu'il en soit, ce qui est certain, c'est que les Romains y ont laissé une assez belle amphore que nous
avons fait donner au Musée de Saint-Germain, par
M. Saingery, alors conducteur des travaux du bief
éclusé.

Ce point était bien choisi pour y établir une station
fluviale, qui pouvait se relier au poste de surveillance
forestière, dont on a retrouvé les substructions en 1881,
lors des travaux de réparation et d'agrandissement de la
gare de Paris au Havre, dans la forêt de Saint-Germain,
sur le territoire d'Achères.

M. Fournez a rapporté des terrassements entrepris à

---

(1) Voir au Musée de Saint-Germain un canot de ce genre
qui a été retiré de la Seine.

cette époque dans la gare d'Achères, un fragment de pierre sculptée, représentant un pied d'homme chaussé de sandales auprès d'un lion ; un médaillon en cristal taillé à facette et une médaille moyen bronze de l'impératrice Faustine (1).

Enfin, nous arrivons à Andrésy, que cette fois nous ne quitterons plus.

Nous avons vu que sur tous les points que nous avons visités, les Romains avaient succédé aux Gaulois de station en station depuis Epône jusqu'à Andrésy ; que sont donc devenus ceux-ci et où ont-ils bien pu se réfugier ?

Sur la rive gauche de la Seine, nous l'avons dit déjà, ils avaient la forêt de Laye, et en traversant la Seine à Conflans, ils s'étendaient sur le haut plateau de Find'Oise, cap avancé, défendu naturellement par deux grands cours d'eau d'où il n'était pas facile de les débusquer.

C'est là que nous avons retrouvé leurs sépultures ; là ils pouvaient facilement se relier par les stations mégalithiques de Jancy (2), de Jouy-le-Moutier (3), de Vauréal (4), à celle de Presle (5) et de la pierre Turquaise (6) de la forêt de Carnelle, aux Bellovaques, un des peuples les plus braves de la Gaule, disent les Commentaires.

Comme point stratégique de premier ordre pour les Romains, le confluent de la Seine et de l'Oise était tout indiqué ; Andrésy devint donc un poste militaire fort important.

Nous lisons, dans l'*Histoire du diocèse de Paris*, par l'abbé Lebeuf, les lignes suivantes :

(1) Voir la collection de M. Fournez à Saint-Germain.
(2) La pierre du Fouret, menhir.
(3) Le menhir incliné des Grandes pierres.
(4) Le dolmen de Vauréal.
(5) Le dolmen de la Justice.
(6) Le dolmen de la pierre Turquaise.

« Je ne dirois point, en commençant cet article qu'*An-*
» *dré{y* a tiré son nom d'une flotte romaine qui étoit au
» ɪvᵉ siècle sur la Seine, et qui se nommoit *Classis Ande-*
» *ritianorum,* si je n'étois sûr que feu M. Lancelot, de
» l'Académie des Belles-Lettres, l'a pensé ainsi. Il est
» certain, par la notice de l'empire dressée alors, que
» les Romains avoient une flotte pour la garde des
» rivières de Seine, d'Oise et de Marne, et que le com-
» mandant de cette flotte résidoit à Paris, *In provincia*
» *Lugdunensi Senonia præfectus Anderitianorum Pari-*
» *sis.*

» Les Andéritiens, ajoute le même auteur, tiroient leur
» origine d'*Anderitum,* ancienne capitale des *Gabali,*
» peuples du Gévaudan. Ceux d'entre eux qui étoient
» bateliers furent placés par les officiers de l'empire aux
» environs de Paris. Ainsi la conjecture de M. Lancelot
» est assez vraisemblable et on peut présumer qu'il y a
» eu des compagnies de soldats romains accoutumés à
» la navigation, campés à l'endroit où est situé Andrésy,
» proche de l'embouchure de l'Oise dans la Seine. »

Ici encore l'archéologie vient justifier les allégations de
l'histoire : à Andrésy, on a trouvé la poterie samienne,
représentée au Musée de Saint-Germain par un beau
vase à glaçure rouge et des monnaies romaines (1). Nous
l'avons constaté à Marly-le-Roi et à Mareil-Marly ; les
forteresses romaines dont nous avons retrouvé les substructions dans ces deux localités, surveillaient les abords
de la forêt de Cruye *(Marly),* ce qui n'empêchait pas les
Gaulois établis sur le haut plateau de Marly, dont la
position topographique est analogue à celui de *Fin-d'Oise,*
de continuer à y enterrer leurs morts dans les dolmens
de Marly et de l'Étang-la-Ville (2).

---

(1) Salle XV, vitrine 3.

(2) Le dolmen de Marly, au lieu dit *le Mississipi,* a été découvert en 1848; celui de l'Étang-la-Ville, mis au jour, en

Les Romains surveillaient bien les abords des forêts impénétrables de la Gaule, mais ils ne s'y engageaient qu'en cas de nécessité et lorsqu'ils avaient des forces considérables.

III

PÉRIODE FRANQUE-MÉROVINGIENNE

Lors de l'écroulement de l'empire romain, les Francs se répandirent dans le nord de la Gaule et ne tardèrent pas à apparaître dans les environs de Paris.

Habitués à une grande indépendance et à la rude vie des camps, ils dédaignaient les villes (*civitates*), et préféraient étendre leur domination sur les campagnes ; aussi ne rencontre-t-on que d'assez rares sépultures de cette époque à l'intérieur des cités, mais en revanche, elles sont très nombreuses au dehors.

L'abbé Cochet ne déterrait jamais ses Francs qu'en plaine ou dans les bois; dans la vallée de l'Eaulne, à Lucy, à Parfondeval, à Douvrend, etc.

Nous-même avons fait de semblables constatations à Nanterre, à Suresnes, à Achères, et dans l'Eure-et-Loir, à Saulnières.

Dans Seine-et-Oise, on a trouvé des sépultures mérovingiennes dans les campagnes de Nucourt, de Vaux, d'Ableiges, d'Aménucourt, d'Auffargis, de Bernes, de Boinville, de Champcueil, de Chars, de Corbeil, de Cormeilles-en-Vexin, de Drocourt, d'Emancé, d'Épône, d'Ermont, d'Étampes, de Fosses, de Guiry, de Haute-

---

1878, était au lieu dit *le cher arpent*. Ces deux monuments, aujourd'hui détruits, ont été fouillés par nous et nous les avons décrits dans notre grand ouvrage sur les Antiquités du département de Seine-et-Oise.

Isle, de Hodent, de Houdan, de Jouy-le-Comte, de Lon-
guesse, de Louvres, de Luzarches, de Maudétour, de
Maulette, de Méré, de Moussy, de Nesles-la-Vallée, de
Paray-Douaville, de Poigny, de Sailly, de Saint-Clair-
sur-Epte, de Saint-Forget, de Thémericourt, de Triel,
de Vicq, de Vigny, de Villeneuve-Saint-Georges, etc. (1).

Enfin les cimetières francs-mérovingiens de la butte
des Gargans et de la butte des Cercueils, près de Houdan,
qui ont produit tant d'armes, d'ornements et de bijoux à
M. Moutié, président da la Société archéologique de
Rambouillet, se trouvaient en rase campagne au milieu
des champs. Il n'y a donc pas lieu de s'étonner de ce que
les travaux du chemin de fer d'Argenteuil à Mantes aient
mis au jour, au sommet d'une colline, en dehors de toute
agglomération, un cimetière aussi important que celui
d'Andrésy.

Nous avons exploré à plusieurs reprises ce champ
funèbre, nous avons étudié les tombes déjà déposées sur
le sol et on en a déterrées sous nos yeux. De la forme,
des dimensions, de l'ornementation et des matériaux
employés dans la construction des sarcophages, nous
avons tiré la conséquence que ce cimetière, commencé
dès l'époque gallo-romaine, s'est continué pendant toute
la période franque-mérovingienne et avait pu même se
prolonger au-delà.

En effet, et nous l'avons constaté dans d'autres localités,
les sépultures se sont succédé dans les mêmes emplace-
ments ; ce qui est dû au respect des lieux consacrés aux
morts, aux traditions, aux habitudes, qui ont fait continuer l'usage des mêmes champs de sépulture pendant une
longue suite de siècles.

---

(1) Ces diverses sépultures sont indiquées dans le fascicule
de la Commission des Antiquités et des Arts de Seine-et-Oise,
établi pour l'Exposition universelle de 1889, ainsi que dans
notre grand ouvrage sur les Antiquités de Seine-et-Oise.

Le cimetière d'Andrésy a été fouillé avec soin et une certaine méthode par le chef de section du chemin de fer.

Dans sa visite à Andrésy, la Commission des Antiquités et des Arts de Seine-et-Oise a pu remarquer le classement intelligent qui a présidé à la disposition du mobilier funéraire, ce qui a permis aux membres de la Société photographique de Versailles, qui s'étaient joints à la Commission, de prendre un certain nombre de vues, tant des tombes que de leur mobilier (1).

Le plan que l'on doit à l'obligeance de M. Cosserat, chef de section du chemin de fer, montre, d'une manière générale, ce que, d'ailleurs, nous avions déjà constaté sur place, c'est-à-dire une régularité symétrique dans l'agencement et la disposition des cercueils qui convergent vers un point unique.

Il fallait rechercher quel était ce point ; le lieudit indiqué sur le plan, *les Barils*, ne nous apprenait rien ; nous avons cherché autre chose et nous croyons avoir enfin trouvé.

Nous étant adressé à des anciens du pays, nous avons appris que tout un champtier appelé *le clos Malo* avait disparu dans l'immense tranchée pratiquée pour le passage de la ligne ferrée, ce qui nous a été confirmé par M. Cosserat.

Malo (2) *(Machutus)*, Maclou, c'est le nom d'un saint ; c'était pour nous un indice précieux, car de ce renseignement nous pouvions tirer la conséquence que les tombes convergeant sur le même point étaient chrétiennes

---

(1) Nous ne saurions trop approuver l'idée qui a fait admettre la Société de photographie à participer à nos excursions. Ce sera un moyen de conserver la reproduction d'antiquités qui, sans cela, aurait été exposées à être perdues.

(2) Nous avons constaté à Andrésy qu'une rue de ce village porte encore le nom de *rue Malo*.

et que les squelettes qu'elles renfermaient avaient la tête
tournée vers une chapelle ou une église placée sous l'in-
vocation de saint Maclou, un des apôtres du Vexin et de
la Normandie (1).

Mais si le plus grand nombre des habitants de ce cimetière étaient chrétiens, ce qui, d'ailleurs, nous a été suffi-
samment démontré par les croix gravées en creux sur
leurs pierres tumulaires ou de chevet, la forme de cer-
tains cercueils en pierre, nous l'avons dit, leur orientation
différente et surtout l'inspection du mobilier funéraire,
nous ont indiqué que, parmi ces chrétiens, il y avait un
certain nombre de païens ou Gallo-Romains.

En effet, quelques vases, par leur pâte légère, leur cou-
leur et leur forme, appartiendraient bien plutôt à l'époque
gallo-romaine qu'à la période franque-mérovingienne ;
et, s'il pouvait rester quelque doute à cet égard, il suffirait
d'examiner cette belle fiole de verre irisé à long col et à
grosse panse ; ce verre à boire si délicatement filigrané et
ces lagènes ou cruchons à verser, ou à conserver la bois-
son que l'on ne trouve jamais que dans les tombes
païennes.

« Les chrétiens ne se servaient pas de verre », dit l'abbé
Cochet dans sa *Normandie souterraine*.

« Le Gallo-Ramain entourait ses morts de vases où l'on
» mettait à boire et même de la nourriture ; de là ces bols
» évasés, ces assiettes, ces verres à boire, ces lagènes qui,
» souvent, nous l'avons remarqué à Saulnières, à Su-
» resnes et à Achères, ont subi l'action du feu. »

Mais ce qui nous a surpris, au cours de nos recherches
au cimetière d'Andrésy, c'est la rareté des armes ; on y a
bien trouvé quelques scramasax, ce couteau à dos plat, ne
coupant que d'un seul côté, caractéristique de l'époque

---

(1) A Pontoise et à Rouen les églises de Saint-Maclou sont
des plus remarquables.

franque-mérovingienne, mais à cette époque, nous l'avons constaté à Saulnières, les femmes le portaient aussi bien que les hommes, et il en était de même pour les plaques de ceinturon.

On n'a donc pas trouvé à Andrésy ces épées à larges lames de fer, ces pointes de lances et de flèches. que nous avons recueillies avec tant d'abondance dans les tombes de Saulnières.

Les francs-mérovingiens d'Andrésy devaient avoir des relations avec ceux de Suresnes, d'Achères et de Vaux, car on a trouvé, sur les parois de leurs cercueils, les mêmes dessins en relief, et sur leurs pierres tumulaires ou de chevet les mêmes gravures en creux.

Les plus communs de ces dessins sont des croix insérées dans un cercle, des losanges, des chevrons, des grecques, œuvre barbare sans goût et sans science, mais « c'est encore, dit l'abbé Cochet, c'est encore l'art romain » qui, bien que dégénéré par ses formes rudes et gros-» sières, servira bientôt à l'architecture romane et formera » ce style roman que nos pères conserveront jusqu'au » xiiᵉ siècle. »

Peut-on attribuer une date certaine au cimetière d'Andrésy ?

La période la plus difficile à déterminer est celle du ivᵉ au vᵉ siècle, c'est-à-dire celle du passage entre les Romains et les Francs, entre le système païen et l'idée chrétienne ; les deux phases de l'inhumation sont insaisissables.

La race gallo-romaine, tout au contraire de la race franque, passa très lentement du paganisme au christianisme, surtout dans les campagnes ; sa conversion ne se compléta guère qu'au viiᵉ siècle.

Le premier patron de l'église d'Andrésy aurait été saint Germain, évêque d'Auxerre, dit l'abbé Lebeuf dans son *Histoire du diocèse de Paris.* C'est sans doute de la ville basse que cet auteur veut parler, ce qui n'exclut pas l'existence sur les hauteurs d'une chapelle dédiée à saint Maclou ; à cette époque on ne comptait pas le nombre des églises.

Or, pour ne nous occuper que de saint Germain, Dulaure le fait passer à Nanterre en 429 (1). Ce serait donc une date.

D'un autre côté, nous lisons dans les petits Bollandistes (2) que saint Nicaise, allant évangéliser à Rouen, convertit au christianisme les populations de Conflans et d'Andrésy, et qu'il fut mis à mort à Saint-Clair-sur-Epte, par l'ordre du préfet romain Vescennius, au ve siècle.

Enfin, la patronne de l'église de Conflans est sainte Honorine, protectrice des prisonniers, dont on voit encore les chaînes de fer oxidé dans une des chapelles de cette église.

Sainte Honorine vivait au ve siècle, au même temps à peu près que saint Clair, saint Mellon, saint Maclou, saint Nicaise et saint Denys, qui jetèrent dans nos contrées les premiers fondements du christianisme.

On peut donc supposer que le cimetière gallo-romain et franc-mérovingien d'Andrésy a été en usage du ve au viie siècle ; cette longue période peut expliquer un si grand nombre de tombes pour une population aussi restreinte que celle de ce village.

---

(1) Histoire des environs de Paris, par Dulaure.
(2) Vie des saints (Extrait du P. Guiry).

VERSAILLES. — IMPRIMERIE CERF ET FILS, 59, RUE DUPLESSIS.

Les Environs de Paris aux temps préhistoriques

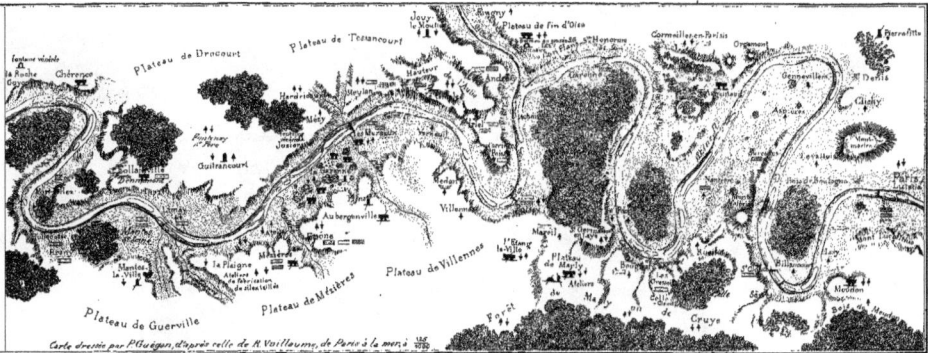

CARTE
DU
COURS DE LA SEINE
PARTIE OUEST
DE PARIS A PORT-VILLEZ
D'après les P. GUÉGAN

LÉGENDE

La partie pointillée représente l'ancien lit de la Seine remplacé aujourd'hui par des dépôts d'alluvions anciennes, d'après Belgrand.

Les lignes horizontales indiquent les antiquités gauloises.

Les lignes verticales les antiquités gallo-romaines.

Les lignes obliques les antiquités franco-mérovingiennes.

Les monuments mégalithiques sont représentés en noir : ♦ pierre taillée, ♦ pierre polie, monuments détruits.

Carte dressée par P. Guégan, d'après celle de M. Vaillaume, de Paris à la mer.